最新中小户型——客厅沙发背景墙

金长明　主编

辽宁科学技术出版社

·沈阳·

CONTENTS 目录

设计：艺墅设计

设计：呈艺装饰公司 刘方旭

设计：恒浩装饰

■ 中小户型沙发背景墙设计三大原则

1. 主次搭配，统一风格。沙发背景墙的设计离不开整个客厅空间的设计风格，客厅里的主角是电视墙，而沙发背景墙是以配角的身份出现的，所以在客厅的整体设计上，既要"着重"装饰电视墙，也要配合电视墙的"主题"来装饰设计沙发墙。如果电视墙是浓郁的田园风格，那么沙发背景墙就不适宜用现代感的金属和玻璃了，而应以清新淡雅的风格来呼应。同时，小户型的沙发背景墙不宜过于复杂，装饰不能过多过滥，应以简洁为好，色调要明亮。主次搭配、协调统一，可获得良好的整体效果。

2. 色调搭配合理。选择沙发背景墙的色彩，也要尽量与整体的风格以及色调和谐，只有这样才能打造出令人舒适的视觉空间。要注意沙发背景墙的用色不宜太深，不要"抢去"电视墙的视线，可以选择稍浅的色彩，比如电视墙用明黄色，沙发背景墙就可选大麦黄；电视墙用紫色，沙发背景墙就可以用淡紫色。

设计：贾建新

设计：陈毛豪

设计：沈阳方林 刘广智

设计：沈阳方林 刘广智

设计：才 龙

装修秘籍

3. 求大同存小异。在一个房子的装修设计中会同时出现几个背景墙，如电视墙、沙发墙、餐厅墙、卧室墙等。如果每个空间都用不同的材质和色彩，做得不好反而会显得比较凌乱，缺乏统一性。建议采用求同的手法来装饰不同的背景墙，然后再利用软装的变化，把两个背景墙区分开来。

■ "以人为本" 的小空间布置

小空间的墙面布置，应以人为主，家具收纳为辅。我们是因为需要储藏和收纳的功能，才会有家具的产生，而不是为了储藏而储藏。这样的观念虽然浅显易懂，但却为多数人所忽视，常会看到有人本末倒置地先以收纳为主，再求家具，而忘了哪个位置能够让人坐下来享受暖洋洋的太阳，哪个空间可以让人走进室内客厅，旋回其间是否得宜。其实如果设计能回归以人为本，只看到拥挤的家具是可以避免的。

设计：李 楠

设计：郑国庆

设计：赵 广

设计：向 涛

设计：陆槛槛

■ 田园暖意的沙发背景墙

　　小户型客厅面积小，户型条件通常不好，所以简单是小户型沙发背景墙最为基本和核心的需求。壁纸的花样选择比较多，而且最容易营造出温馨的氛围，加上预算较低、施工简单、可更换，是非常适合小户型客厅的。如果觉得单调，可以加上对比色系的挂画或者相框，只要搭配出彩，就可以营造出田园暖意的休闲空间。

　　田园风格是最常见的壁纸种类，花样繁多，选择范围很大，但是也最考验我们的审美以及对整体感觉的把握。因为田园风格的壁纸，一定要搭配同样风格的家具和饰品，才能发挥出应有的装饰效果。以下是田园风格常见的四种装饰元素：

　　1. 碎花墙纸：碎花墙纸是田园风格沙发背景墙最为突出的明显标志之一，墙壁上的花朵图案给家庭带来了温馨浪漫的气息。

　　2. 花色布艺：棉、麻布艺的天然质感与乡村田园风格的自然气息相吻合，带有各种繁复的花卉植物、鲜活的小动物的布艺制品则更能

设计：大连金世纪装饰 康慨

设计：沈阳山石空间设计

设计：大连金世纪装饰 康慨

装修秘籍

体现出自然田园的特色。

　　3. 原木：木材是田园风格的最基本元素，也是田园风格装饰首要和必要的材料。

　　4. 仿古砖：表面有粗糙的质感，朴实无华的形态低调而内敛，给人以回归大自然的感觉。

■ 现代时尚的沙发背景墙

　　小户型客厅的采光度如果不佳，墙面颜色则不宜过重，最好以浅色系为主调。在小户型里装饰一个创意十足的现代风格是再合适不过的了。

　　简约的现代风格用材新颖，造型上以点、线、面的处理和几何形体的应用来塑造空间，抽象造型的墙纸、金碧辉煌的前卫金属、反光镜面、线条简洁的家具，都是现代简约风格重要的装饰元素。然而，现代简约风格居室由于线条简单，所以就需要适合的软装饰品来搭配，才能呈现出现代居室的温馨感，例如沙发靠垫、插花、挂画、窗帘等。

设计：赵 广

设计：大连金世纪 戚纹光

设计：陈毛豪

　　反光材质在小户型中颇为常见，不仅具有良好的装饰性，还可以在视觉上扩大纵深。如不用如何大动作和大改造，搭配挂画、灯光等元素，就可以营造出三种不同的层次感：

　　层次一，投射灯投射在反光玻璃上，减少吊顶的压抑；层次二，投射灯投射在亮色的现代挂画上，聚焦视觉中心；层次三，投射灯投射在沙发背景墙的反光玻璃上，通过反射作用增加视觉纵深。

■ 三种妙招营造新中式沙发背景墙

　　要营造出具有东方情结且又具有现代韵味的居室氛围，可以从家具陈设、色彩搭配以及装饰品等方面来加以体现。新中式风格的家具讲究线条的简单流畅、内部设计的精巧，以现代的材料来体现传统家具的韵味。

　　1. 对称布局。中国传统的家居格局多采用对称式的布局方式，格调高雅，端正稳健，造型简朴优美。

设计：李利军

设计：马非立

设计：王 琴

设计：易 俗

设计：宋 文

设计：王立世

装修秘籍

　　2. 悬挂书法、字画装饰墙面。中式的陈设包括字画、挂屏、盆景、瓷器、古玩、博古架等，追求一种修身养性的生活境界。悬挂书法、字画比较受偏爱中式古典人士的喜爱，在沙发背景墙上悬挂一组字画，能体现主人的才情和品位，颇显雅致，再加上点缀其间的瓷盘、古玩，能营造出典型的中式情结。在装饰细节上崇尚自然情趣，花鸟鱼虫等精雕细琢，富于变化，充分体现出中国传统美学精神。

　　3. 古典与现代混搭。客厅家具的摆放不一定拘泥于某些思维定式，比如在中式的居室里，现代风格的沙发用中式元素的靠包加以点缀，就可以表达出与众不同的新中式主题。现代风格的沙发实用性非常强，坐感也比较舒适，不同于传统中式座椅的硬朗与厚重。

■ 打造新古典主义沙发墙的四种方法

　　在新古典主义风格的装饰中，不能局限于某一个方面的设计，而只有通过细节的搭配，装饰元素之间相互呼应，才能构成一个风格完整的空间。

设计：姜 林

设计：大连金世纪装饰 尚英杰

设计：张旭龙

设计：向 涛

设计：吴成玉

设计：罗小刚

1. 新古典主义家具在内容上采用古典风格的沙发、茶几、装饰柜。强调色彩的秩序及色彩的层次搭配，配色方面更注重色彩组合给人带来的细腻感受。

2. 在形式上融合了现代主义的流行元素，形成了融装饰性、流行元素于一体的风格特征。带有异国情调的古典主义，配以现代的装饰风格，能够透露出一种优雅的居住美感。

3. 新古典主义的背景墙通常可以着重从软装饰方面入手，一般用壁纸和软包来装点墙面，高档印花壁纸的使用是新古典主义风格的常用手法。另外，墙面上的装饰线脚若采用雕花的纹样，精美而不繁复，能对室内风格的烘托起到事半功倍的效果。

4. 在图案纹饰运用搭配上，新古典主义更加强调其实用性，不再一味地突出繁琐的纹饰，多以简化的卷草纹、植物藤蔓作为装饰语言，突出一种华美而浪漫的皇家风格。

设计：陈毛豪

设计：宋 文

设计：陈毛豪

设计：袁文书

设计：袁文书

装修**秘**籍

■ 壁纸装饰沙发背景墙好处多多

壁纸具有很强的装饰效果，不同款式的壁纸能够营造出不同风格的个性空间，不论是简约风格、乡村风格、中式风格、古典风格，其装饰性都是乳胶漆或者其他墙面材料无法比拟的。

1. 壁纸具有防裂功能：生活经验告诉我们，没有不开裂的乳胶漆，而壁纸则能很好地避免这种缺陷，只要铺装到位，裂缝就不会显现出来。

2. 壁纸具有不错的耐磨性、抗污染性：家庭生活中，人们最主要的顾虑是它在日常生活中的清洁问题，壁纸可使用吸尘器进行吸尘后，用抹布擦拭即可。

3. 壁纸施工程序简单、易操作：在施工方面虽然比乳胶漆涂料复杂，但是与瓷砖相比就显得优越得多。

设计：袁文书

设计：袁文书

设计：袁文书

设计：张 寒

设计：李文斌

设计：刘 剑

■ 壁纸的分类与保养

　　壁纸经过多年的发展，在材质、花色和施工方法等方面都有了很大改进，已经成为一种非常稳定的装饰材料了。壁纸在设计、花色图案、品种规格上更加丰富多样，更加现代化，也更加适合现代化家居装修使用。从环保角度，相对于其他内墙装饰材料，壁纸对人体健康的影响是较低的。大家完全可以放心使用。市面上的壁纸常见的有三种：纸基+PVC贴膜，市场上98%的壁纸都属于这类产品；布基+PVC贴膜；纯木浆壁纸。

　　1. PVC贴膜壁纸：单从字面上理解，PVC贴膜壁纸的环保性能不如纯木浆壁纸，其实是差不多的。而纯木浆壁纸的价格要高于一般的PVC贴膜壁纸，性价比相对较低。PVC贴膜壁纸是否会影响墙面呼吸呢？一般来说，壁纸PVC贴膜的厚度大约是头发丝的一半，约0.3微米。这个厚度的PVC贴膜本身具有一定的透气性，所以大家不用担心这个问题。壁纸施工完毕后，应该关闭门窗使其自然风干，禁

设计：欧建书

设计：查裕高

设计：刘 鑫

设计：张丽娜

设计：刘 东

设计：大连金世纪装饰

装修秘籍

止有穿堂风；对于无纺布、绒面壁纸、金箔壁纸的清洁，可以经常使用鸡毛掸子清扫，如果上面有污渍，可以用干净的毛巾蘸上专业的除污液轻轻擦除；对于PVC胶面壁纸，如果表面有污渍，可以用湿毛巾轻轻擦拭。

2. 木纤维壁纸：这是一种高档实用型壁纸，主要来自瑞典。采用亚光型的色料，柔和而自然，易与家具相搭配，对人体没有任何化学侵害，透光性能良好。墙面的湿气、潮气都可以透过壁纸释放出来。长期使用，不会有憋气的感觉，也就是我们经常说的"会呼吸的壁纸"。这种壁纸经久耐用，可以直接用刷子蘸水清洗。抗拉扯效果强，是普通壁纸的8～10倍，其使用寿命是普通壁纸的2～3倍。但是，进口木纤维壁纸价格较贵，一般在800元/卷左右，而国产木纤维壁纸的价格则一般为400～600元/卷。

■ 小户型沙发墙怎样选壁纸

1. 花纹图案壁纸：对于面积较小的客厅，使用一些亮色或者浅淡的暖色加上一些小碎花图案的壁纸，会使空间看起来更大一些。中

设计：陈毛豪

设计：郭志刚

设计：罗惠民

设计：李文斌

设计：莫水明

间色系的壁纸加上点缀性的暖色小碎花，通过图案的色彩对比，也会巧妙地转移人们的视线，在不知不觉中扩大了原本狭小的空间。颜色上不要选用大红大绿的颜色，以避免喧宾夺主。最好以米色、灰色为主，以更好地衬托团花的魅力。

2. 条纹图案壁纸：有人担心条纹图案壁纸会使居室氛围显得过于冷清、呆板，不够温馨，其实只要壁纸颜色挑选得当，与居室的整体格调相协调，一样能够营造出和谐的居室情调。不仅如此，条纹图案的壁纸还会使居室变得更加浪漫、典雅。色块、横条、竖条、矩形等图案变身为空间的主角后，还可以产生一些意想不到的效果。比如，如果居室的面积较小，就可以选择横向条纹或者具有发散性图案的壁纸，横向条纹可以拉伸视线，发散性的图案可以给人以膨胀感，都会使得狭小空间在视觉上有扩大的感觉。

■ 壁纸的选购技巧

1. 目前的壁纸市场上"进口壁纸"所占的份额很大，其实一些所谓的"进口壁纸"，有一部分是因为在国外环保检测不合格，被禁

设计：任 欢

设计：陈毛豪

设计：崔 颖

设计：李志荣

设计：李利军

设计：莫水明

装修秘籍

止使用的，再由中国的商人低价买进，转入国内市场，并冠以"进口壁纸"的名号。所以，不要被所谓的"进口壁纸"所迷惑。建议大家在选择壁纸的时候，别忘了闻一闻，味道刺鼻的壁纸无论是"进口"的还是"出口"的，首先应该被淘汰掉。

2. 壁纸有无刺激性气味取决于壁纸加工所用的油墨，水性油墨的壁纸无刺激性气味，而是有一股纸的清香味；油性油墨的壁纸则有强烈的刺激性气味。辨别壁纸是水性还是油性要从切面部分闻。商家的壁纸都是装订成册的，我们合上册子从上面闻一下就知道是哪种油墨了。

3. 壁纸门店的款式成千上万种，你很难做到全部都看，而且壁纸看多了容易花眼。一般来说，每平方米壁纸的单价在几块钱到几十块钱不等，所以，要有一个"价格范围"作为限制，你的选择就更有针对性了。在你挑选壁纸之前，要做的一件事就是应该参照刷墙面漆的单价，核算一下每平方米贴壁纸能够接受的"价格范围"。

4. 各自然间的壁纸应该根据其功能划分的不同以及主人的喜好选择不同的样式，客厅壁纸作为家中的门面，适合选择大方得体的款式。

5. 选择壁纸还有一个最起码的原则，就是别人到了你家，第一眼能够看出来"你家贴的是壁纸"。有些壁纸的款式跟墙面漆没多大

设计：刘 剑

设计：周 冲

设计：吴文进

设计：刘 剑

设计：郑钊杰

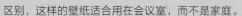

区别，这样的壁纸适合用在会议室，而不是家庭。

6. 选择壁纸也要考虑耗材的问题，有一些带花型的壁纸是需要对花铺贴的。原则上：大花型的壁纸铺贴的耗材要多，小花型的壁纸耗材要少。壁纸的正常耗材在5%左右，不过大花型的壁纸耗材超过10%也属正常。所以，如果不是特别喜欢的款式，最好不要选择花型太大的壁纸。

7. 一般来说，画册上的颜色与实际铺贴出来的感觉确实是有差别的，正常铺贴出来要比在门店看的时候深一些。但是，在大面积铺贴与室内光线的综合作用下，实际铺贴出来的感觉要比在门店选择壁纸时浅一些。所以，只要是自己喜欢的款式，大家不用特别考虑壁纸颜色过深的问题。

8. 大部分壁纸商家都可以提供壁纸铺贴的服务，不过是单独收费的。有的商家还可以作墙面处理。壁纸的墙面处理就是把墙面用腻子找平，墙面的阴角、阳角做成直角。所以，如果选择贴壁纸，最好要求油工师傅将墙面基层处理好。

设计：刘　东

设计：陈志超

设计：陈毛豪

装修**秘籍**

■ 镜面装饰沙发背景墙

　　在小户型的沙发背景墙上，通过对镜子的巧妙应用，可以收到很多意想不到的装饰效果。用镜面作装饰能够营造出一种华丽、通透的氛围，有扩大空间视野、延伸空间的作用。适用于现代风格、欧式古典风格居室的墙面设计中。

　　现代风格多使用印花、覆膜镜来延伸空间，使视野更加开阔。正方形、长方形、圆形、椭圆形和曲线形都可以用在现代风格的墙面上。欧式古典风格的居室，多采用带厚边的木质镜框或各种凹凸起伏的树脂镜框。镜子的形状以菱形居多，可以斜拼、直铺，也可以做成条状以及块状。

　　小户型镜面的大小、造型以及边框的材质、色彩都要仔细挑选，使之与周边的家具、陈设相统一，特别是在尺寸上相协调。室内镜面不可过多，多了会显得凌乱。其安放的位置更需要推敲，应该把它作为室内墙面构图的要素之一来考虑。

设计：戴文军

设计：李建春

设计：任丽娟

设计：沈阳山石设计

设计：宋 文

设计：李正杨

■ 镜面装饰的三种搭配

1. 镜面与软包相搭配。软包，是一种温馨的墙面装饰材料，质地柔软，色彩柔和，能够柔化整体空间氛围，其纵深的立体感能够使得家居氛围更加舒适，也能提升整体空间的档次。镜面的装饰性不言而喻，在带给空间灵动多变的装饰氛围的同时，也能使过于沉稳的软包变得俏丽多姿。将镜面与软包搭配在一起是一种浪漫与活泼的精彩混搭，这种搭配方法比较适合有个性的年轻人。

2. 镜面与壁纸相搭配。壁纸花色繁多，镜面材料也是多种多样，因此，这两种材料结合在一起，除了要考虑本身颜色的搭配外，还要考虑居室家具以及整体风格的协调。如果是茶色镜面，就不要选择过于暗淡的壁纸，花纹要选择一些淡雅的色彩。

3. 镜面与木材的搭配。木材具有天然的质朴情怀，与镜面相搭配能够给人以愉悦且放松的心境，这两种材料结合在一起具有不可言喻的田园气息，喜欢乡村风格的人可以尝试用这两种材质来装饰沙发背景墙。

设计：候恒清

设计：胡 明

设计：查裕高

装修**秘**籍

■ 小户型装饰的六个妙招

1. 小户型的房间内摆设不能太多，应以简洁、大方、温馨为主。

2. 避免在人的眼睛水平线上有打眼的家具，这样会使空间显得狭小局促。

3. 妙用光线制造幻象。使用轻薄的纱质窗帘，减少人为对自然光的削弱。选择体积不大、造型简洁、光亮度好的灯具，注重墙灯和台灯的搭配运用。

4. 窗户尽可能与外墙齐平，给室内留出更多的空间，向外扩散的窗户在视觉上有放大室内空间的效果。装修后的室内窗台可做装饰台，上面可以摆放工艺品，也可以种养植物。

5. 窗帘应避免采用长而多褶的落地窗帘，这样只会让房间显得拥挤、拖沓。窗帘的大小应与窗户大小一致，利落、清爽，在色彩上

设计：查裕高

设计：大连金世纪装饰 张朝亮

设计：大连金世纪装饰 张朝亮

设计：戴文强

设计：沈阳元洲装饰 张健

应以淡色为主。

6. 在不破坏房屋建筑结构的前提下，应最大限度地利用墙体的面积。在客厅的墙壁上设计一些小壁龛，放大空间的同时，还可以摆放装饰品。卧室的电视柜可延伸到墙体内，这样电视机的摆放就不会占用原本狭窄的有限空间。

■ 小户型中的潜力股家具

1. 茶几的收纳功能。要想在客厅得到更多的空间，应该好好"挖掘"一下茶几的"潜力"。茶几的透明桌面下可以带一个分成好几格的抽屉，把漂亮的杂志、杂乱无章摆放的小饰品放在里面。这一招不仅让客厅空间变得干净整洁，美化了茶几，还为小饰品找到了独特的"展台"。

2. "拔地而起"的升降桌。在架空于地面之上的榻榻米上做文章是个另类的想法。当桌子隐藏在地面中的时候，榻榻米上一片平整，可以睡觉、练习瑜伽。而当按下机关让桌子缓缓升起之后，升降桌就变成了可以吃饭、工作，甚至和朋友打牌的好地方。

设计：张洪超

设计：吕建伟

设计：郭志刚

设计：陈建华

设计：郑钊杰

设计：张丽娜

装修秘籍

3. 沙发和睡觉的角色转换。对于小户型来说，留宿客人总是一个令主人尴尬的事情。现在，客厅里可以变身的"沙发"能为主人分忧了。留宿客人的时候，只需要将隐藏在沙发内部的弹簧床拉出来就行了，十分方便。

4. 墙角的对角折叠桌。墙角往往是一个被人们忽略的角落，其实只要选择了合适的家具，墙角也能"变废为宝"。一个可以沿对角折叠的小方桌是改造墙角的好帮手。折叠起来后，它就变成了富有情趣的小角桌，在使用的同时，还可以装饰墙角。展开后，它就成了小方桌，吃饭、工作时都可以使用。

5. 沙发也是储藏箱。沙发不仅可以变成床，也可以"变身"成储藏箱，帮助主人存放平时不用的被单、衣物。只需要提一下手拉带，沙发的内部空间就可以展露眼前。

设计：宋 文

设计：杨荷英

设计：莫水明

■ 搁架装饰收纳沙发背景墙

　　小户型的家居空间，要尽量在收纳和储藏上下功夫。在沙发背景墙上做搁架，就充分利用了上层空间。搁架隔板的戏剧性设计，给空白的沙发背景墙增加了几分看点。经过精心设计的隔板，可摆放书、画册、花瓶、收藏品等。隔板最好为可调整型，根据摆放物品随时调整高度，令搁架和饰品搭配呈现出最完美的效果。

　　错落有致的悬挂式搁架，造型本身让平淡的墙面更富于变化。房间里其他家具摆设如沙发、地毯的颜色可以与搁架相呼应。搁架的色彩要与沙发墙的颜色有所区分，最好有一些反差，才能突出搁架本身的造型和线条感。在沙发背景墙设置彩色收纳架，营造出整个沙发区极具个性的风格，能通过物品的图案和造型设计来实现。

设计：刘剑

设计：李勇

设计：周冲

设计：陈建华

设计：袁文书

设计：吴文进

装修秘籍

■ 软包饰材装点温馨沙发背景墙

软包，是一种温馨的墙面装饰材料，质地柔软，色彩柔和，能够融合整体空间氛围，其纵深的立体感亦能提升家居档次。以前，软包大多运用于高档宾馆、会所、KTV等地方，在家居中不多见。而现在，软包饰材已走进居室中，作为主题墙不可或缺的装饰材料。软包主题墙的独特之处在于不仅外观看上去软软的有立体感，显得豪华尊贵，隔音、吸音效果也不错，还可以有效避免噪音对人体的伤害。软包饰面的颜色要与沙发协调，要注意小空间的沙发背景墙不适宜太过深沉的颜色，会显得沉闷，没有生气。

■ 软包饰材的四个优点

1. 吸音降噪：软包的优点众多，其吸音降噪功能尤为显著。用软包做卧室背景墙的主要材料，具有很强的实用性，可以为室内吸音

设计：王　琴

设计：王利昌

设计：王利昌

设计：王利昌

设计：王立世

设计：王立世

降噪，进而缓解居者工作一天的疲劳。

　　2. 恒温保暖：软包墙对于室内的保温性能也较为突出。墙面大面积使用软包，能有效控制室内的温度。无论是寒冷的冬天还是酷热的夏天都能有良好的恒温效果，这样也能起到"空调"的作用，从而营造出最为舒适的室内空间，让忙碌一天的居者倍感轻松。

　　3. 防震缓冲：软包由于其材料的韧性，因此具有防震缓冲的作用。特别是在儿童房内，孩子天性活泼好动，经常会磕着、碰着，而坚硬的墙面、尖锐的棱角摆设又令人防不胜防，软包防震缓冲的特性，无疑是墙面装饰的最佳选择。

　　4. 健康环保：在家居环保方面，软包也令人放心。健康是目前家装的重要标准，软包表层多为布艺等材质。施工时只需以专用环保胶水直接粘贴，既节省前期墙面处理工序，又杜绝了施工及化学用品的使用。平时方便清洁及更换，是名副其实的绿色环保材料。

设计：恒浩装饰

设计：胡永梅

设计：胡 峰

装修秘籍

■ 软包饰材的三种方式

根据主人的喜好、居室的装饰风格，软包可选用不同的材料，以达到不同的装饰效果。

1. 常规传统软包：先用基层板（9厘板或12厘板）铺设，内置3~5厘米厚度的海绵，然后外包装是布或是装饰皮，而且可按照主人要求做出不同的造型。软包装饰材料的价格取决于它的材质，如果用布，耐火布和进口布，价格相差很大，布和皮的价格也有所区别。

2. 型条软包：可先将型条按需要的图形固定在墙面上，中间填充海绵，最后用塞刀把布或皮革塞在型条里。

3. 皮雕软包：皮雕软包是一种新型的软包类型，是用专用模具经高温一次热压成型。其款式新颖，阻燃耐磨。

设计：姜 鑫

设计：姜 鑫

设计：恒浩装饰

设计：恒浩装饰

设计：胡 峰

■ 木板饰面装饰沙发背景墙有讲究

　　木板饰面可在墙面上做出各种造型，具有各种天然的纹理，可给室内带来华丽的效果。一般是在9毫米底板上贴3毫米饰面板，再打上纹钉固定。要引起注意的是：木板饰面做法就如中国画画法，一定要"留白"，把墙体用木板全部包起来的想法并不理智，除了增加工程预算外，对整体效果帮助不大。

　　饰面板进场后就应该刷一遍清漆作为保护层。木板饰面中，如果采用的是饰面板装饰，可能技术问题不大，但如果采用的是夹板装饰，表面刷漆（混油）的话，可能就有防开裂的要求了。木饰面防开裂的做法是：接缝处要45°角处理，其接触处形成三角形槽面；在槽里填入原子灰腻子，并贴上补缝绷带；表面用调色腻子找平，然后再进行其他的漆层处理。

设计：姜鑫

设计：胡永梅

设计：姜鑫

设计：姜鑫

设计：九创装饰

设计：景尧

装修秘籍

■ 沙发背景墙灯光巧布景

　　多数家庭最习惯的光源位置自然是在天花板上，但是，在小户型里，如果能大胆地把光源放在地面上，那么在居室视觉的扩展上便能起到出其不意的效果。自下而上的光源设计，能让居室纵向的空间显得更加宽阔一些，比光线直接打到脸上更能减少紧凑感。比如，在沙发背后放一盏地灯，其造型简洁却能为家庭塑造美丽的光影空间。从人身后投下的光，方便家人看电视或看书，会给人很舒服的感觉。

　　沙发背景墙的灯光设计也要根据采用的装饰材料以及材料的表面肌理，考虑好照明角度，尽可能地突出中心，同时考虑到家人常常是在沙发上消遣娱乐，沙发背景墙的灯光就不能只是为了突出墙面上出彩的装饰设计，同时要考虑到坐在沙发上的人的主观感受，太强烈的光线会让人觉得不舒服，容易对人造成眩光与阴影。一般来说，我们会摒弃炫目的射灯，如果确实需要射灯来营造气氛，则要注意将灯光改射向墙壁，避免直接照到沙发上。

设计：房 伟

设计：陈 帅

设计：李念梅

■ 装饰品摆放有讲究

　　"少就是多"的设计概念，从提出到风行，至今经久不衰，正是由于局部的"单调"才对比出整体的精彩和更加完整。在小空间的墙面要尽量留白，因为为了保障收纳空间，房间中已经有很多高柜，如果在空余的墙面再挂些饰品或照片，就会在视觉上过于拥挤。

　　如果觉得墙面缺乏装饰而缺少情趣，可以选择房间内主色调中一个色彩的饰品或装饰画，一定不要在色调上太出格，不要因为更多色彩的加入而让空间杂乱。适当地降低饰品的摆放位置，让它们处于人体站立时视线的水平位置之下，既能丰富空间情调，又能减少视觉障碍。

■ 装饰画打造别致沙发背景墙

　　装饰画的首要功能便是装饰性，选择装饰画要根据装修和主题家居风格而定，居室内最好选择同种风格的装饰画，也可以偶尔使用一

设计：李琳飞

设计：梁 金

设计：李 茵

设计：梁 金

设计：梁 金

设计：梁 金

装修秘籍

两幅风格迥然不同的装饰画作点缀，但不可眼花缭乱。

1. 欧式装修风格：适合搭配油画作品，纯欧式装修风格适合西方古典油画，别墅等高档住宅可以考虑选择一些肖像油画，简欧式装修风格的房间可以选择一些印象派油画，田园装修风格则可配花卉题材的油画。

2. 中式装修风格：最好选择国画、水彩或水粉画等，图案以传统的写意山水、花鸟鱼虫为主。也可以选择用特殊材料制作的画，如花泥画、剪纸画、木刻画和绳结画等，因为这些装饰画多数带有强烈的传统民俗色彩，和中式装修风格十分契合。

3. 现代装修风格：适合搭配一些古典印象、抽象类油画，后现代等前卫时尚的装修风格则特别适合搭配一些具现代抽象题材的装饰画，也可选用个性十足的装饰画。

在同一空间或者相关联的空间，只要视线范围能够覆盖不同装饰画的时候，居家配画的风格、种类就应尽量统一，如同为素描、同为油画或同为摄影作品等；同时还包括装饰画的颜色、画框风格等相一致，这样，装饰画所表现出来的风格就能彼此协调，并相呼应。

设计：刘宝达

设计：刘东

设计：1979—新锐、国际、时尚的品牌家居顾问设计公司

设计：查裕高

设计：寇佳男

■ **聚焦装饰画的尺寸和位置**

　　装饰画的尺寸要根据房间特征和主体家具的大小来定，如果摆在客厅里，画的高度50~80厘米为宜，长度则要根据墙面或主体家具的长度而定，一般不宜小于主体家具的2/3，例如沙发的长度是2米，那么装饰画的整体长度应该在1.4米左右；比较小的客厅、玄关，可以选择高度30厘米左右的小装饰画。

　　画幅的大小和房间面积的比例关系，决定了这幅画在视觉上的舒服度。一般来说，20~30平方米的房间，单幅画的连框尺寸以60厘米×80厘米左右为宜，走廊和过道悬挂的单幅画连框50厘米×60厘米左右为好。还有在一些视觉感不太好的地方，像不常用的开关插头或壁纸接缝等处，可利用装饰画进行巧妙修饰，调整人们的视线焦点，化缺点为焦点。挂画位置的高低也是不可忽略的细节。通常以站立时人的视点平行线略低一些的高度来作为画框底部的基准，沙发后面的画则要挂得更低一些，这需要反复比试，最后决定最佳注视距离的

设计：陈毛豪

设计：姜 鑫

设计：余顺弟

装修秘籍

工作，重要的是不能让人视觉上产生疲劳感。现在挂画，一般容易挂得偏高。在挂画技巧方面，我们要坚持宁少毋多，宁缺毋滥，在一个空间环境里形成两个视觉点就够了，留下足够的空间来启发想象。在一个视觉空间里，如果同时要安排几幅画，必须考虑它们之间的整体性，要求画面是同一艺术风格，画框是同一款式，或者相同的外框尺寸，使人们在视觉上不会感到散乱。

■ 手绘背景墙弥补空间不足

小户型的客厅，不建议整个房间都画上彩绘图案，那样不仅会让空间显得没有层次，还容易导致审美疲劳，我们可以选择局部的墙面来绘制。这种手绘墙是作为家里的装饰物出现的，往往会成为家居装饰的点睛之笔，印象深刻。

1. 针对一些比较特殊的空间进行针对性绘制，比如在楼梯间画棵大树，在沙发墙的拐角、阳台的角落等不合适摆放家具或者装饰品的位置，就可以采用手绘墙画让其丰富起来。还可在墙角绘制以花卉、树木、卡通人物、动物为主题的画。

设计：刘 伟

设计：汪 桃

设计：姜 · 鑫

　　2. 专门针对家具、电器、陶瓷、装饰品来画一些比较有创意的画，不如在桌椅的腿上画些卷草纹，在冰箱上画几朵小花，在窗帘上画几只可爱的小熊，这些都能起到意想不到的效果。还有像开关座、空调管等角落位置，画上精致的花朵、自然的树叶，往往能带来焕然一新的感觉。

　　3. 针对一些由于结构上的需要，使得某些户型在视觉上存在缺陷的室内空间。当今的很多开发商为了节省空间，在套内结构的设计上都显得很拥挤、凌乱，为了更大的利润，为了能在一定的面积中设计出更多的户型，就出现了很多不规矩的户型。另外，一些源本整洁的区域内出现了管道等一些不和谐的因素。这些先天就有缺陷的空间就很需要一些有针对性的手绘墙来弥补。我们可以画出在管道上爬满植物的形象，从而使得管道不那么突兀、刺眼；可以在建筑结构中不整齐的地方画上装饰物，从而使得不整齐的墙体合理化。

■ 手绘墙的风格表现形式

　　不管是乡村田园还是欧式古典，或是现代中式，都可以运用手绘方法表现得淋漓尽致。画面的内容要根据家居的风格而定。有时候，

设计：庄子轩

设计：孟红光

设计：郑超群

设计：郝 建

设计：高仲元

设计：程齐山

装修秘籍

手绘出的家居世界和彰显个性的创意墙，比许多功能复杂的家具和空间设计更能传达自由奔放的感觉。

1. 自然风景图案：描绘大自然表情是最常见的手绘图案之一，植物图案是永不过时的经典之作，人们对植物类型的手绘墙图案情有独钟，表达了现代人渴望与自然相拥，亲近自然的愿望。在居室加一处绿色让心情放飞，图案多以树木花草为主，还有海草、贝壳、果蔬等都是常见的手绘图案，这类手绘墙强调视觉的流畅以及韵律感，通过图案的布置达到视觉平衡。

2. 卡通图案：色彩鲜明的卡通动物造型绝对是深受孩子们喜爱的手绘风格，选择时下流行的卡通片的主角给孩子布置一块活泼可爱的天地吧。当然，如果你觉得可爱的日韩动漫只是孩子的专利，那就OUT了，如今追捧卡通动漫的还有一大批成人，韩式娃娃或是几米人物都是手绘图案的首选，这种风格的成人版表现形式是以线条勾勒出男女主角的形象，以朴素而略带感情的绘画来表现浪漫情调，颜色以浅色为主。而儿童版表现形式则以常见的卡通图案来展示，位置可以以角落、低矮处为主，也可以突出创意，以假乱真。

3. 抽象图案：这一类型适合现代简约的装修风格，原本空间中的造型就是点、线、面，线条就较为简单直白，在其上增添的手绘图

设计：曹晶

设计：恒浩装饰

设计：寇佳男

案大多也走抽象的路线。一串线条、几个色块，或者一条横线、一个圆圈，甚至是有点儿后现代的一个背景、一个女人的面庞，这种手绘墙制作相对简单，但也要注意对墙面进行整体构思和布局，抽象的表现最好能传达某种具象的意境，还有考虑这种手绘风格与居室家具的搭配，如果是比较奢华的欧式装修风格，显然不适合这种手绘方式。

■ **小户型应弱化空间界线**

　　人们一般习惯把一间住房分三区：一是安静区，离窗户较远，光线比较弱，噪音也比较小，以安放床铺、衣柜等较为适宜；二是明亮区，靠近窗户，光线明亮，适合看书写字，以放写字台、书架为好；三是行动区，为进出门的过道，除留一定的行走活动地盘外，可在这一区放置沙发、桌椅等。

　　1. 小户型的居室，对性质类似的活动空间可进行统一布置，对性质不同或相反的活动空间进行分离。在平面格局上，小户型的设计

设计：郑超群

设计：刘 洋

设计：典想装饰

设计：3C工作室

设计：刘 洋

设计：刘 亮

装修秘籍

通常以满足实用功能为先，应合理地布置各个功能分区、人流路线和一些大型家具的位置。

2. 可以采用开放式客厅或者厨房、餐厅并用等方法，在不影响使用功能的基础上利用相互渗透的空间增加室内的层次感和装饰效果。如会客区、用餐区等都是人比较多、热闹的活动区，可以布置在同一空间，有硬性或软性的分隔。

3. 在户型较小的居室内，应尽量避免绝对的空间划分，比如一个完全独立的玄关会占去客厅的不少空间。可以利用地面、天花不同的材质、造型，以及不同风格的家具以示分区。

设计：林元君-香江枫景

设计：刘 杰

设计：刘耀成

设计：刘耀成

设计：梅 力

设计：梅 力

中小户型客厅家具的选择与养护

■ 中小户型家具布置三大原则

　　对于年轻的家庭以及单身一族来说，通常会选择小户型作为过渡。房子不在大小，重在营造出温馨的气氛，才能创造出一份独属于自己的个性生活。不过受到面积及层高的影响，小户型在设计及装修时还是有一些原则要遵守的。

　　1. 有"加"有"减"才会温馨实用。温暖的家，舒适的家，小户型使家庭成员更加亲密。但是，空间的局限更要学会"加加减减"，效果才会更出色。整体装修宜简洁，打造整体感，但是在灯饰的使用上，反而应该多花点儿心思，利用灯饰来营造居室的效果，形成不同的视觉空间，比如，射灯、落地灯、壁灯、台灯等，都可以很好地营造不同的气氛。

设计：戴文军

设计：李杰亮

设计：李文斌

设计：李芝强

设计：陈毛豪

装修秘籍

　　值得注意的是，小户型同样讲究生活的品质，特别是现代家庭，对于布线有了更高的要求，网线、电路要考虑得更细，温馨的家才会更实用、更科学。

　　2. 小户型喜"软"不爱"硬"。不管是对于一个年轻的家庭，或是单身一族来说，家里的各种功能还是要具备的。比如说，看电视、阅读、吃饭、健身都要有各自的空间，有空间不代表"分割"空间，小户型要尽量不使用硬隔断，即墙，而是通过一些软性装饰来区分空间就好。比如，用一道珠帘来分清客厅和餐厅，抑或是打造一个小小的阳台阅读区，利用一面灵活的书柜来区分书房和客厅。

　　对于喜"软"不爱"硬"的小户型，在家具的选择上也要小巧轻盈一些，否则会把房间塞得满满的，感觉上很压抑。而一些可以移动、可以变化的家具会比较适合，既可以当床又可以当沙发的沙发床，可以收起来一部分的折叠餐桌，都会为小居室节省很多空间。

　　3. 遵循"轻装修、重装饰"。小户型的墙上如果到处都是柜子，相对的就减少了生活的空间。与其如此，不如把装修的钱拿来买一些好的家具。这就是经常说的"轻装修、重装饰"的家居理念。在有限的预算下，居家空间的实用机能应将家具配置作为装修的首要重

设计：马非立

设计：莫水明

设计：杨荷英

点，至于天、地、壁的修饰则属于空间的配角。小空间减少了固定笨重的装修，空间被"挪"出来了，人才能自在舒适。

■ 小户型的绝配——功能型家具

　　家具是住宅建筑中不可或缺的元素，作为室内构成的重要组成部分，它的布置和摆设对室内功能的合理应用有至关重要的作用。对于小户型的室内空间，在家具的选择上要作更加周全的考虑。选择合适的家具不仅可以增加居室舒适度，更能增加室内空间感。

　　1. 移动式家具：对狭小的现代空间来说，灵巧的家具是必备的生活用品，有轮子的家具机动性强，身手矫健，可以在任何空间里展现它的独特魅力，已经越来越受到人们的青睐。小型的滚轮家具有茶几、座椅、CD柜、电脑桌、电视柜等。在客厅的沙发之间，安放一个活动的茶几，当客人来访时，可以很方便地传递茶点。

　　2. 多功能家具：如果你的居室不是足够大，那么就一定要考虑家具的多功能化。一间漂亮的客厅变成一间实用的卧室，一间舒适的

设计：易 俗

设计：李文斌

设计：威 龙

设计：任丽娟

设计：沈阳山石设计

设计：王 琴

装修秘籍

客厅变成温馨的餐厅，所有这些只需要挪动一些家具或改变一些家具即可实现。家具是这个充满想象力的家的主角，它可使你的家变化无穷，也可以为你带来不同的新鲜感。尽管它可能会使你的家有些杂乱无章，但充满生活气息的小巢会给你的生活带来无尽的快乐与满足。

3.折叠式家具：折叠式家具不仅体积小，而且易于拆装，方便搬运，很适合小户型家居使用。家具的材质也以轻巧为好，以便于移动、组合。

■ 聚焦小户型的家具造型

1.小型家具有"前途"。在空间有限的情况下，小型家具比一般家具要占用较少的使用面积，令人感觉空间似乎变大了。小客厅首选的家具是低矮型的沙发，这种沙发没有扶手，流线型的造型，摆放在客厅中感觉空间更加流畅。根据客厅面积的大小可以选用三人、双人或1+1型，再配上小圆桌或迷你电视柜，让人感觉空间变大不少。

设计：张洪超

设计：张 阳

设计：陈毛豪

设计：王 琴

设计：王利昌

设计：袁士博

2. 活泼动感的曲线家具。含有曲线造型的家具，其曲线造型会给人一种动感，使室内空间活泼。在一个平凡无奇的居室中点缀一两件造型活泼、色彩艳丽的曲线家具，立刻让房间充满生趣。曲线家具的空间适应性非常强，因为它可以自由组合而且造型轻巧活泼，无论是大空间还是小空间，四方的空间还是不规则的空间都能摆放。如圆形桌和圆形椅，令空间融会通畅，变得更加宽敞。有棱有角的家具，把空间分割得很零碎，看起来空间更显得凌乱。

■ 聚焦小户型的家具材质

1. 玻璃家具。玻璃富于穿透性，同时具有清凉的感觉。用玻璃制成的家具让视线无限延伸，是最能扩展空间的家具。一些高大的柜类家具在柜门上使用磨砂玻璃、花纹玻璃的款式，减轻小空间给人带来的压抑感，也同时起到了扩展空间的效果。

在居室面积较小的房间中，最适于选用玻璃家具，因为玻璃的通透性，可减少空间的压迫感。在卧室、书房、客厅摆上几件设计精巧

设计：大连金世纪装饰　鲁倍宁

设计：梵石设计

设计：李 楠

设计：辛宪超

设计：李 楠

设计：李 楠

装修秘籍

的玻璃家具，在它的清澈透明、晶莹可爱中感受梦幻般的浪漫情调，比如各种颜色的玻璃座椅，可给家居添加丰富多彩的视觉效果，带给人轻松愉快的心情。

2. 竹藤类家具。竹藤类家具使用起来十分舒适，搬动起来也很方便，有助于室内空间的变化。竹藤类家具造型简洁，线条流畅，使室内空间显得通透，是当之无愧的绿色家具。在现代的家庭中偶尔陈设几件藤制家具，美观大方又具传统特色，在时尚中透出几分朴素，体现了主人的格调和品位。比如藤编沙发和座椅，放上白色的坐垫及靠垫，舒适又富有情调；藤编的茶几摆在客厅中，使房间充满乡村的古朴和雅致。

■ 聚焦小户型的家具色彩

从家具的色彩上考虑，可选择浅色家具。在小户型住宅的空间中家具占地面积相对较大，家具的色彩通常构成环境的主色，因此家具

设计：王 琴

设计：杨荷英

设计：大连金世纪装饰 张朝亮

设计：李念梅

设计：木 水

设计：木 水

的色彩直接影响人的情绪。可用调和的手法，使家具与空间环境色彩和谐统一，获得幽雅宁静之效。在色相上可运用相近的色系，纯度上选择较低的不饱和色，在明度上求对比，以得到融和沉稳的感觉。

　　不同的色彩能赋予人们不同的距离感、温度感、重量感和空间感。例如：红、黄、橙等色使人感觉温暖，蓝、青、绿等色使人感觉寒冷。高明度的色彩使感觉扩大，低明度的色彩使感觉缩小。暖色调感觉凸出，冷色调感觉后退。此外，色彩还有重量感。耀眼的暖色调感觉重，淡雅的冷色调感觉轻。正确利用色彩的特有性质，可使小面积房间在感觉上比实际面积大得多。因此，中小户型家具的颜色宜用亮度高的淡色做主要装饰色，使居室的空间显得开阔，以达到理想的效果。

■ 选购沙发的五个技巧

　　沙发是客厅中不可缺少的家具，它既可款待宾客、与家人共聚一堂，也可用来看书阅读、观看电视。沙发的摆放要根据客厅空间的大

设计：沙威

设计：奉泉装饰

设计：徐柯

设计：沈阳艾尚装饰

设计：大连金世纪装饰 高丽丽

装修秘籍

　　小来安排，可以是单人沙发，也可以是双人或三人沙发，应按照整体的设计来挑选合适的搭配。要以不同的坐姿试坐。如果喜欢盘腿坐的话，沙发座位要深一些；正常的坐姿，座位过深或过浅都不好，而且最好选带靠枕的沙发。用手摸沙发的材质，观察沙发的外观做工，通常愈重的沙发，品质愈好，皮质沙发要比布艺沙发重一些。在商场挑选沙发时，应从以下五个方面检查沙发的质量好坏。

　　1. 看沙发骨架是否结实。这关系到沙发的使用寿命和质量保证。具体方法是抬起三人沙发的一头，注意当抬起部分离地10厘米时，另一头的腿是否离地，只有另一边也离地，检查才算通过。

　　2. 看沙发填充材料的质量。具体方法是用手去按沙发的扶手及靠背，如果能明显地感觉到木架的存在，则证明此套沙发的填充密度不高，弹性也不够好。轻易被按到的沙发木架也会加速沙发外套的磨损，降低沙发的使用寿命。

　　3. 检验沙发的回弹力。具体方法是让身体呈自由落体式坐在沙发上，身体至少被沙发坐垫弹起2次以上，才能确保此套沙发弹性良好，并且使用寿命会更长。

设计：博洛尼装饰 谷长美

设计：大连金世纪装饰 高丽丽

设计：沙威

设计：梵石设计

设计：陈毛豪

4. 注意沙发细节处理。打开配套抱枕的拉链，观察并用手触摸里面的衬布和填充物；抬起沙发看底部处理是否细致，沙发腿是否平直，表面处理是否光滑，腿底部是否有防滑垫等细节部分。好的沙发在细节部分品质也同样保持精致。

5. 用手感觉。用手感觉沙发表面是否有刺激皮肤的现象，观察沙发的整体各部分面料颜色是否均匀，各接缝部分是否结实平整，做工是否精细。

■ 选购布艺沙发应注意哪些环节

选购布艺沙发时应注意，沙发的座、背套宜为活套结构，高档布艺沙发一般有棉布内衬，其他易污部位应可以换洗。沙发面料应当比较厚实，克重在300克/平方米以上的较为经久耐用，而且必须确保摩擦12000次以上表面不起球。买布艺沙发要选择面料经纬线细密平滑，无跳丝，无外露接头，手感有绷劲的。

设计：崔雅楠

设计：戴文军

设计：李杰亮

设计：龙威

设计：徐柯

设计：胭脂设计

装修秘籍

　　1. 看包布：包布要看面料是否紧紧包覆内部填充物，是否平整挺括，特别是两个扶手和座、背结合处要过渡得自然、无碎褶。花卉图案或方格图案的面料要看拼接处花型图案是否搭配完整，方格是否横平竖直，有没有倾斜或扭曲。最后坐下来试一试，感觉一下座、背的倾角或背座上面弧度是否同腰、背、臀及腿弯四个部位贴切吻合；枕部同背的高度是否合适，扶手高低是否同两只胳膊自然伸开放平时相合；坐感是否舒适，起立时是否自如。

　　2. 看内部垫层质量：高档沙发座和背的底面多采用尼龙带和蛇簧交叉网编结构，这种垫层回弹好，坐感舒适。中档沙发多以胶压纤维板为座和背的底板，坐感偏硬，回弹性稍差。

　　3. 看泡沫海绵：高档沙发坐垫应使用密度在30千克/立方米以上的高弹泡沫海绵，背垫应使用密度25千克/立方米以上的高弹泡沫海绵。为提高坐卧舒适度，有些泡沫还在确保不降低密度的前提下，作了软处理，有些在坐垫内设置立式弹簧，使沙发具有更高的回弹性和抗老化性能。一般情况下，人体坐下后沙发坐垫以凹陷10厘米左右为最好。

设计：大连金世纪装饰 张朝亮

设计：大连金世纪装饰 张朝亮

设计：于海涛

设计：刘希升

设计：郑国庆

■ 如何清洁布艺沙发

　　沙发无疑是居室里使用频率最高的家具之一，有些沙发可以拆下来清洗，但是一般来说，越高端的品牌沙发可拆洗的就越少，因为面料都很好，多次拆洗会影响面料平整的外观。但对于普通的布艺沙发来说，只要我们掌握了一定的方法，清洁和保养也并非难事。

　　首先，平时可用干毛巾拍打，最好是每周一次对布艺沙发进行定期吸尘的清洁工作。沙发上的扶手和坐垫易脏的话，最好在上面铺上好看的沙发巾或装饰性的花纹布，在使用吸尘器时，沙发的扶手、靠背以及缝隙都不可以忽略。但要注意不要用吸刷，以免破坏纺织布上的织线而导致布变得蓬松没有质感。同时也要避免用特大吸力来吸，这样可以防止织线被扯断。建议使用小的吸尘器来清洁就可以了，如发现有松脱的线头，不能用手扯断，而要用剪刀整齐地将它剪平。

　　其次，一年一次地用清洁剂来清洁沙发，但沙发上的清洁剂必须彻底地洗掉，否则更容易染上其他污垢。最好选择含防污剂的专门沙

设计：向 涛

设计：向 涛

设计：林元君

设计：刘 洋

设计：刘 洋

装修秘籍

发清洁剂。带护套的布艺沙发一般都可以清洗，其中弹性套不妨在家中用洗衣机清洗，较大型的棉布或亚麻布护套则可让洗衣店代劳。熨平护套时应留意有些弹性护套是易干免熨的，即使熨也要考虑不要影响到布料的外观，所以熨护套内侧较适宜，棉质护套不宜熨烫。

■ 小户型沙发床的选购

沙发床毕竟不是床，由于要当沙发来坐，考虑到坐的舒服程度，沙发床内的弹簧用量要比正常的床垫少，相比之下弹力不够，常年躺在上面睡觉，骨骼得不到充分的放松，不利于睡眠。所以，最好给自己买一张床，沙发床用来作为辅助品。沙发床最讲究的是架和垫，总结后，可归纳为如下几个方面：

1. 坐垫的填充物。高密度的真空热绒棉是个不错的选择，而木架并不是越硬越好，硬木易断。有一种环保木，不会过硬，手按上去有弹性，商家做过实验，仅3根就能承重75千克，而有的沙发床约有18根。购买时可以站到骨架上去验证。

设计：向 涛

设计：大连金世纪装饰 鲁倍宁

设计：刘耀成

设计：刘 洋

设计：曹 晶

2. 面料。通常这种类型的沙发床面料以布质为主，这种类型的沙发床面料最好经过防污处理，日后清洁起来也会较容易。

3. 坐垫。质量不好的坐垫面料过滑，座位深度设计不合理，坐上去就会滑落，可以在现场亲身验证是否有这个缺陷。

■ 选购真皮沙发的注意事项———真皮仿皮要分清

　　一般我们通常所说的皮沙发有真皮和仿皮之分，两者区别比较大。真皮，就是采用天然皮革，一般主要分为牛皮和猪皮；仿皮则是人造皮革，两者的使用性能，以及价格差别是非常大的，购买时要注意区分。

　　要区分皮沙发采用的是真皮还是仿皮。天然皮革具有有规律的天然毛孔和皮纹，仿皮则没有，即使有也是人工造的，比较容易区分。从它们的断面区分，天然皮革由皮纤维交织而成，而仿皮没有这种结构。检查时用手指压一下，真皮压陷地方呈散开状细皮纹。检查皮质的收边截面。由于现在伪造技术越来越高，从正面分析越来越难，而从皮质的收边截面就可以看出一些不同。真皮的皮质较疏松，而仿皮

49

设计：刘耀成

设计：陈华

设计：刘耀成

设计：导火牛

设计：施传峰

装修秘籍

的则较致密。真皮和仿皮还可以通过气味来分辨，真皮有一股动物的腥味，相对来说，更趋向于刺激的气味。

此外，真皮沙发还分为全真皮沙发和半真皮沙发，有些在背侧面使用仿皮的半真皮沙发，也都是消费者需要注意的。

■ 选购真皮沙发的注意事项二——优质真皮的讲究

做工好的皮沙发，皮面光洁整齐、伤残少，手感柔软富有弹性，色泽均匀。真皮皮革上色牢度好，以湿布用力在皮革表面擦拭不会有掉色现象，皮面拼缝整齐、针脚均匀、线迹平直，沙发外表平整、饱满没有皱褶。依据其选用材质的不同，沙发用皮分为黄牛皮和水牛皮，优质真皮沙发选用的必须是头层黄牛皮。

1. 看面料。好的牛皮皮革光洁细腻、纹理清晰。猪皮皮质粗糙、光泽度差，辨认容易；羊皮轻薄柔和，但强度不及牛皮，而且由于皮张较小，加工面料往往需要拼接，影响美观，所以要选择牛皮沙发。

设计：王建军

设计：3C工作室

设计：3C工作室

设计：3C工作室

设计：刘耀成

2. 看毛孔。牛皮毛孔细密，呈不规则排列，皮质光洁；猪皮毛孔呈品字形三角排列，皮质疏松。

3. 用手摸。加工技术好的牛皮柔软细腻，反之则生硬板结。用手触摸，还可了解整张皮革的厚薄是否均匀。选购皮沙发时，皮面要丰润光泽，无疤痕，肌理纹路细腻，用手指尖捏住一处往上拽一拽，应手感柔韧有力，坐后皱纹经修整能消失或不明显，这样的皮子就是上等好皮。

4. 坐。上乘的牛皮沙发，每一部分都依据人体工程学原理精心设计，人的臀、背部都能得到较好的依托；构思巧妙、造型美观、垫衬物适宜，人坐在上面，身体感觉非常舒适。倘若坐得不舒服，即使外观再漂亮，质地再高级，也是不适用的。

■ 真皮沙发保养的五个妙招

1. 不要使用烈性的化工制剂清洗皮面，而尽量使用稀释肥皂水或者专用的皮面清洁剂，这些都可以在大型的超级市场买到。

设计：3C工作室

设计：陈丽媛

设计：高仲元

设计：侯予玄

设计：荆美诗

设计：七姓瑶家装-戚龙

装修秘籍

2. 抹擦时要选用柔软的布，用力要轻。

3. 平时使用时，不要把硬物放置在沙发上面，尤其要避免小孩子在上面蹦跳。

4. 不要长时间置于太阳直射的地方，以免损害皮质。

5. 定期上水性蜡，以保护皮质。

■ 实木家具的种类和保养

在装修中使用传统实木家具的以中老年人为主。一类是一般所说的红木家具，而另一类则是现代装修中使用的传统家具，在日常使用中体现一种珍藏的味道。

红木家具一般都有相应的年代对照。现在市面上的桌椅多为明、清及民国时期的款式，在风格上也有很大的差别。明代的一般线条较

设计：侯予玄

设计：侯予玄

设计：刘 洋

为简约，有一种力感；清代的则多雕刻，造型较为繁琐，其中以动物、花卉及吉祥图腾居多。而民国时期的桌椅，相对较为中庸，造型介于两者之间并偏向于后者。市面上的实木桌椅多采用红木或花梨木制成，但是从现实的情况来看，使用低档木质再加上调色而成的也极多。

实木家具的保养比较简单，一般使用普通清洁剂甚至清水即可。唯一要注意的是防白蚁，这种问题一般发生在南方。如果在晚上听到轻轻的锯木声或者家具下有木质粉末，那么就很有可能受到白蚁侵害了。对付白蚁的办法是使用CCA（铜铬砷合剂），但最好是请专业白蚁防治所来操办，以免造成更大的危害。

■ 选择家具的九个小窍门

家具与人们的生活息息相关，影响着人们的生活质量和身体健康，因此提醒大家在选购家具之前，最好事先做好知识储备，学习一些挑选各种家具的窍门。

设计：刘耀成

设计：姜 鑫

设计：姜 鑫

设计：姜 鑫

设计：姜 鑫

装修秘籍

1. 家具材料是否合理。不同的家具，表面用料是有区别的。如桌、椅、柜的腿，要求用硬杂木，比较结实，能承重，而内部用料则可用其他材料；大衣柜腿的厚度要求达到2.5厘米，太厚就显得笨拙，薄了容易弯曲变形；厨房、卫生间的柜子不能用纤维板做，而应该用三合板，因为纤维板遇水会膨胀、损坏；餐桌则应耐水洗。

发现木材有虫眼、掉末，说明烘干不彻底。检查完表面，还要打开柜门、抽屉门看内料有没有腐朽，可以用手指甲掐一掐，掐进去了就说明内料腐朽了。开柜门后用鼻子闻一闻，如果冲鼻、刺眼、流泪，说明胶合剂中甲醛含量太高，会对人体有害。

2. 木材含水率不超过12%。家具的含水率不得超过12%，含水率高了，木材容易翘曲、变形。一般消费者购买时，没有测试仪器，可以采用手摸的方法，用手摸摸家具底面或里面没有上漆的地方，如果感觉发潮，那么含水率起码在50%以上，根本不能用。另一个办法是可以往没上漆的木材处洒一点儿水，如果洇得慢或不洇，说明含水率高。

3. 家具结构是否牢固。小件家具，如椅子、凳子、衣架等在挑选时可以在水泥地上拖一拖，轻轻摔一摔，声音清脆，说明质量较

设计：姜 鑫

设计：姜 鑫

设计：鞠成巍

设计：雷久东

设计：雷久东

设计：雷久东

好；如果声音发哑，有噼里啪啦的杂音，说明榫眼结合不严密，结构不牢。写字台、桌子可以用手摇晃摇晃，看看稳不稳。沙发可坐一坐，如果坐上一动就吱吱扭扭地响，一摇就晃的，是钉子不牢，用不了多长时间。

方桌、条桌、椅子等腿部都应该有四个三角形的卡子，起固定作用，挑选时可把桌椅倒过来看一看，包布椅可以用手摸一摸。

4. 家具四脚是否平整。这一点放地上一晃便知，有的家具就只有三条腿落地。看一看桌面是否平直，不能弓了背或塌了腰。桌面凸起，玻璃板放上会打转；桌面凹进，玻璃板放上一压就碎。注意检查柜门、抽屉的分缝不能过大，要讲究横平竖直，柜门不能下垂。

5. 贴面家具拼缝严不严。不论是贴木单板、PVC还是贴预油漆纸，都要注意皮子是否贴得平整，有无鼓包、起泡、拼缝不严现象。

检查时要冲着光看，不冲光看不出来。水曲柳木单板贴面家具比较容易损坏，一般只能用两年。就木单板来说，刨切的单板比旋切的好。识别二者的方法是看木材的花纹，刨切的单板木材纹理直而密，旋切的单板花纹曲而疏。刨花板贴面家具，着地部分必须封边，不封边板就会吸潮、发涨而损坏。一般贴面家具边角处容易翘起来，挑选时可以用手抠一下边角，如果一抠就起来，说明用胶有问题。

设计：麦丰装饰-陆宏

设计：刘 亮

设计：刘 亮

装修秘籍

6. 家具包边是否平整。封边不平，说明内材湿，几天封边就会掉。封边还应是圆角，不能直棱直角。用木条封的边容易发潮或崩裂。三合板包镶的家具，包条处是用钉子钉的，要注意钉眼是否平整，钉眼处与其他处的颜色是否一致。通常钉眼是用腻子封住的，要注意腻子有否鼓起来，如鼓起来了就不行，慢慢腻子会从里面掉出来。

7. 镜子家具要照一照。挑选带镜子的家具，如梳妆台、穿衣镜，要注意照一照，看看镜子是否变形走色，检查一下镜子后部水银处是否有内衬纸和背板，背板不合格或没有内衬纸会把水银磨掉。

8. 油漆部分要光滑。家具的油漆部分要光滑平整、不流坠、不起皱、无疙瘩。边角部分不能支棱，支棱处易崩渣、掉漆。家具的柜门里面也应着一道漆，不着漆板子易弯曲，又不美观。

9. 配件安装是否合理。例如检查一下门锁开关灵不灵；大柜应该装三个暗铰链，只装两个会影响使用；该上三个螺丝，有的工人偷工减料，只上一个螺丝，使用寿命会大打折扣。

设计：林志明

设计：李秀玲

设计：刘军强

设计：刘 杰

设计：林志明

客厅沙发背景墙的风水与吉运

　　沙发背景墙的装饰作用对于营造美观大方的居室空间不可忽略，但同时沙发背景墙又有其自身的独特性，使得我们在对沙发背景墙的设计过程中，既要把它当成主题墙面来装饰，又要考虑其自身因素，合理地设计和装饰，对于营造居室的良好风水有促进的作用。

　　想要居室时刻充满热闹的能量，那就选择奔放充沛的红色作为主要的基调色彩，再搭配相近的色彩，如橘红色、深紫色等。有了提升人气的色彩铺陈，搭配居家饰品时可张可弛，例如将喜气的红色抱枕更换为雅致复古的褐色小抱枕，亦能与原有的空间色彩交相辉映。

设计：澜庭设计

设计：澜庭设计

设计：廖易风

设计：廖易风

设计：巫小伟

设计：钟墨

装修秘籍

■ 沙发背景墙上安镜子的讲究

有时候，人们为了使客厅看起来更通透宽敞，会采取在墙壁上挂镜子的做法，若只是在墙上局部加以装饰，则无妨。如果是大面积贴镜片，则要斟酌。因为背对着镜子而坐，沙发上坐着的人，其超出沙发部分就会在镜子中展现出来；如果是坐在镜子旁边，则一举一动都会在镜子中显示得清清楚楚，这种情况下，会让人产生局促不安的感觉，难以完全放松，不利于健康。

■ 沙发背景墙灯光设计的讲究

沙发顶上不宜有灯直射。有时沙发区域的光线较弱，不少人会在沙发顶上安放灯饰，例如藏在天花板上的筒灯，或显露在外的射灯等。这时要注意的是，避免灯光从头顶直射下来。从环境设计而言，沙发头顶有光直射，往往会令人情绪紧张，头晕目眩，坐卧不宁。如

设计：导火牛

设计：刘宝达

设计：真志松

果让灯光改射向墙壁，则可缓解。

■ 沙发照片墙的讲究

如果你摆放在客厅的照片都是关于不好的回忆，那么可能会产生消极的气场，让你停驻在过去无法前行。所以，在客厅只可摆放让你感到愉快的照片，至于其他的，把它们收进盒子里或者夹到相册里去吧。

■ 客厅沙发的摆放

客厅的沙发不宜太大，有的家庭为了显示豪华气派，购置一组超大的沙发，占据了客厅的一半空间。过于拥挤，不利于空气流通，从风水的角度来说，对主人的财运也不利。沙发也须面对大门或电视，千万不可背门，因为沙发背门寓意自己的人际关系不和谐。另外一点

设计：钟　墨

设计：导火牛

设计：澜庭设计

设计：松江典想装饰

设计：澜庭设计

装修秘籍

原因是，如果陌生人闯入，面对门有较多的反应时间。

■ **客厅茶几的选择**

选取茶几，宜以低且平为原则。人坐在沙发中，高不过膝为理想高度，沙发前面的茶几须有足够的空间。

茶几的形状，长方形及椭圆形最理想，圆形亦可。若空间不充裕，可把茶几改放在沙发旁边。茶几上除可摆设饰物及花卉来美化环境之外，也可摆设电话及台灯等，既方便又实用。

设计：曹 晶

设计：澜庭设计

设计：黄耀国

设计：导火牛

设计：安晓冬

装修过程重要环节解析

■ 前期设计

在前期设计中，必须要做的一件事，就是对自己的房间进行一次详细的测量，测量的内容主要包括：

1. 明确装修过程涉及的面积。特别是贴砖面积、墙面漆面积、壁纸面积、地板面积。

2. 明确主要墙面尺寸。特别是以后需要设计摆放家具的墙面尺寸。

特别提醒大家，开工之前不要忘记去物业办理开工手续，交纳装修押金。

设计：刘耀成

设计：刘鑫

设计：刘鑫

设计：栾春阳

设计：刘庆祥

设计：黄育波

装修**秘**籍

■ **主体拆改**

进入到施工阶段，主体拆改是最先施工的一个项目，主要包括拆墙、砌墙、铲墙皮、拆暖气、换塑钢窗等。主体拆改其实就是先把工地的框架搭起来。

■ **水电改造**

水电路改造之前，主体结构拆改应基本完成。在水电改造和主体拆改这两个环节之间，还应该进行橱柜的第一次测量。其实所谓的橱柜第一次测量并没有什么实际内容，因为墙面和地面都没有处理，橱柜设计师不可能给出具体的设计尺寸，而只是就开发商预留的上水口、油烟机插座的位置，提出一些相关建议。其中主要包括：

设计：田 浩

设计：刘庆祥

设计：导火牛

设计：3C工作室

设计：姜 鑫

1. 看看油烟机插座的位置是否影响以后油烟机的安装；

2. 看看水表的位置是否合适；

3. 看看上水口的位置是否便于以后安装水槽。

有些人误认为装修开始之前，一些主料应该事先进场。其实不然，除非是主体拆改需用的主料，否则诸如瓷砖、大芯板等主料的进场时间应该在水电改造之后。因为电路改造如果涉及地面开槽的话，瓷砖、大芯板码放的位置不当的话，工人搬来搬去很是麻烦。水路改造完成之后，最好紧接着把卫生间的防水做了。厨房一般不需要做防水。

■ 木工

木工、瓦工、油工是施工环节的"三兄弟"，基本出场顺序是：木一瓦一油。基本出场原则是——谁脏谁先上。"谁脏谁先上"也是

设计：栾春阳

设计：孟红光

设计：孟红光

设计：孟红光

设计：刘 洋

设计：孟红光

装修秘籍

决定家装顺序的一个基本原则之一。

其实像包立管、做装饰吊顶、贴石膏线之类的木工活从某种意义上说也可以作为主体拆改的一个细节考虑，本身和水电路改造并不冲突，有时候还需要一些配合。

■ 贴砖

如果工人忙得开的话，工长一般会在"木工老大"还没有结束的时候就让"瓦工老二"进场贴砖，这很正常，因为两者本身没什么冲突。在"瓦工老二"作业的过程，还涉及以下三个环节的安装：

1. 过门石、大理石窗台的安装。过门石的安装可以和铺地砖一起完成，也可以在铺地砖之后。大理石窗台的安装一般在窗套做好之后，安装大理石的工人会准备玻璃胶，顺手就把大理石和窗套用玻璃胶封住了。

设计：孟 旭

设计：孟红光

设计：刘 亮

设计：陈家雄

设计：田 浩

设计：高仲元

2. 地漏的安装。地漏是家装五金件中第一个出场的，因为它要和地砖共同配合安装。所以，业主在开始逛建材的时候，应该首先买地漏。

3. 油烟机的安装。油烟机是家电第一个出场的，厨房墙地砖铺好之后，就可以考虑安装油烟机了。

"瓦工老二"离场，这时候可以约橱柜第二次测量了，准确地说，在厨房墙砖、地砖贴完并安装完油烟机之后，就可以约橱柜第二次测量。

■ 刷墙面漆

"油工老三"进场，主要完成墙面基层处理、刷面漆、为"木工老大"打的家具上漆等工作。如果准备贴壁纸，只需要让"油工老三"在计划贴壁纸的墙面作基层处理就可以。至于是否要留最后一遍面漆，意义不是很大，因为后面的操作没有比刷漆再脏的了。

设计：澜庭设计

设计：鸟 人

设计：汪 桃

设计：大连金世纪装饰 康慨

设计：王建军

装修秘籍

■ 厨卫吊顶

在厨卫吊顶的同时，厨卫的防潮吸顶灯、排风扇（浴霸）应该已经买好了。最好和吊顶一起把厨卫吸顶灯、排风扇（浴霸）同时装好，或者留出线头和开孔。

■ 橱柜安装

吊顶结束后，可以约橱柜上门安装了。顺利的话，一天的时间可以完成。同时安装的还有水槽（可以不包括上下水件）和煤气灶，橱柜安装之前最好协调物业把煤气通了，因为煤气灶装好之后需要试气。

设计：田来帅

设计：汪桃

设计：导火牛

■ 木门安装

　　在安装木门的头一个月，就应该找师傅来测量门洞的各种尺寸。如果你想让木门厂家安装窗套、垭口的话，在木门厂家测量的时候也要一并测量。安装门的同时要安装合页、门锁、地吸，因此，事先应该准备好相关五金。

　　木门的制作周期一般为一个月，所以，为了让工期衔接紧密，要在主体拆改完成之后尽早让木门厂家上门就门洞尺寸进行测量。关于门洞的处理，大家需要注意一点，如果家里门洞的高度不一致，需要工人处理成等高。

■ 地板安装

　　在木门安装的第二天就可以安装地板。地板安装需要注意以下几个问题：

设计：施传峰

设计：木 水

设计：唐 丹

设计：苏 越

设计：导火牛

装修秘籍

1. 地板安装之前，最好让厂家上门勘测一下地面是否需要找平或局部找平，有的装修公司或装修队会建议地面找平或局部找平，以地板厂家的实际勘测为准。

2. 地板安装之前，家里铺装地板的地面要清扫干净，要保证地面的干燥，所以清扫过程不要用水。

3. 地板安装时，地板的切割尽量要在走廊。

■ 铺贴壁纸

在地板安装的第二天，家里收拾干净后就可以约壁纸铺贴了。有条件的话，铺贴壁纸的当天，地板应该作一下保护；没条件也没关系，把清理地板上遗留的壁纸胶交给拓荒保洁也可以。铺贴壁纸之前，墙面上要尽量做到"什么都不要有"。

附赠光盘图片索引（001~120）

张思文 001	张思文 002	黎世红 003	黎世红 004	欧建书 005	郑泽波 006	敖陈记 007	君悦设计工作室 008	陈中秋 009	陈中秋 010
陈中秋 011	王海兵 012	王海兵 013	陈中秋 014	黎世红 015	王海兵 016	王海兵 017	李文斌 018	李文斌 019	黎世红 020
郑泽波 021	郑泽波 022	李文斌 023	郑泽波 024	李文斌 025	郑泽波 026	郑泽波 027	谢小龙 028	谢小龙 029	郑泽波 030
谢小龙 031	谢小龙 032	郑泽波 033	刘云 034	武汉梵石 035	武汉梵石 036	武汉梵石 037	武汉梵石 038	武汉梵石 039	武汉梵石 040
武汉梵石 041	刘后军 042	刘后军 043	高明 044	高明 045	高明 046	高明 047	高明 048	高明 049	高明 050
谢小龙 051	谢小龙 052	谢小龙 053	谢小龙 054	谢小龙 055	谢小龙 056	谢小龙 057	谢小龙 058	谢小龙 059	王进 060
王进 061	王进 062	黄岩 063	冯文强 064	谢小龙 065	谢小龙 066	佟鹏飞 067	桂文彬 068	桂文彬 069	桂文彬 070
桂文彬 071	桂文彬 072	桂文彬 073	桂文彬 074	桂文彬 075	桂文彬 076	高明 077	高明 078	高明 079	武汉梵石 080
安晓冬 081	陈东升 082	城市之家 083	导火牛 084	高智龙 085	郭长周 086	恒浩装饰 087	李润明 088	李秀玲 089	刘洋 090
刘耀成 091	石岩 092	汪桃 093	王建军 094	王永祥 095	逸品 原宿设计 096	由伟壮 097	原新华 098	曾成毕 099	张伟 100
张翔 101	张英俊 104	张志强 105	安晓冬 104	陈东 105	城市之家 106	导火牛 107	高智龙 108	恒浩装饰 109	老鬼 110
李润明 111	刘耀成 112	汪桃 113	王建军 114	杨军 115	逸品 原宿设计 116	余顺弟 117	原新华 118	曾成毕 119	张翔 120

张英俊 121　张志强 122　安晓冬 123　城市之家 124　导火牛 125　高智龙 126　恒浩装饰 127　刘耀成 128　汪 桃 129　原新华 130

张英俊 131　安晓冬 132　城市之家 133　导火牛 134　高智龙 135　刘耀成 136　原新华 137　张英俊 138　城市之家 139　导火牛 140

高智龙 141　刘耀成 142　原新华 143　张英俊 144　导火牛 145　原新华 146　张英俊 147　原新华 148　张英俊 149　原新华 150

张英俊 151　安晓冬 152　原新华 153　原新华 154　安晓冬 155　顾 维 156　老 鬼 157　石 岩 158　王 欢 159　余顺弟 160

尚 丹 161　张富强 162　廖述煜 163　管月亮 164　管月亮 165　沈阳艾尚装饰 166　吴 飞 167　吴 飞 168　沈阳艾尚装饰 169　梵石设计 170

戴文强 171　郑国庆 172　胭脂设计 173　郑国庆 174　郑国庆 175　郑国庆 176　郑国庆 177　曲俊名 178　郑国庆 179　泉港华田装饰设计 180

大连设计师 魏晓帅 181　张富强 182　刘晓阳 183　姜忠敬 184　姜忠敬 185　张海峰 186　戚纹光 187　王瑞吉 188　尚 丹 189　吴 飞 190

周 周 191　尚 丹 192　李晓乐 193　沈阳艾尚装饰 194　姜忠敬 195　周 周 196　姜忠敬 197　尚 丹 198　沈阳艾尚装饰 199　尚 丹 200

闫忠迅 201　沈阳元洲设计 张健 202　沈阳元洲装饰 鲁勇 203　寒泉设计 204　沈阳方林 马壮 205　沈阳元洲设计 张健 206　华伟工作室 207　寒泉设计 208　周 周 209　姜忠敬 210

刘晓阳 211　刘晓阳 212　刘晓阳 213　刘晓阳 214　刘晓阳 215　刘晓阳 216　刘晓阳 217　刘晓阳 218　刘晓阳 219　姜忠敬 220

刘晓阳 221　曲俊名 222　曲俊名 223　曲俊名 224　曲俊名 225　曲俊名 226　曲俊名 227　曲俊名 228　刘晓阳 229　刘晓阳 230

尚 丹 231　姜忠敬 232　姜忠敬 233　沈阳元洲设计 张健 234　姜忠敬 235　辛宪超 236　姜忠敬 237　姜忠敬 238　尚 丹 239　尚 丹 240

鸣谢

中国当代最具潜力的室内设计师（以下排名不分先后）

戴文强
设计是一种生活态度，需要热情，需要弹性，需要情调，也需要批判，但亦需要有所继承……

戚文光
毕业于长春师范大学美术系。
设计不是简单的拼凑，而是灵感一瞬间的迸发。

赖小丽
工作单位：熙皓设计工作室。
工作经验：从事室内设计9年，擅长地中海风格、美式乡村风格、现代简约风格等。
设计理念：设计就是除了满足空间的合理性之外，还应满足物质上的实用性和精神上的艺术性。

胡狸
毕业于湖北工学院，环艺专业学士学位，从事室内设计12年，作品曾被多家报纸、杂志刊登转载。
设计理念：能将各种风格融会贯通，主张没有风格就是风格。

康慨
设计理念：公装不是设计师的最高境界，家才是永恒的主题！

赵磊
从业10年，山石空间装饰品牌创始人，首席设计师，中国高级室内建筑设计师，做事忘我，一气呵成。

赵广
1985年生人，东北大学鲁迅美术学院双学位。从事装饰行业8年，参与众多样板间设计。
擅长装修风格：欧式、奢华、地中海、泰式、田园等。

高丽丽
好的设计源于对生活的观察与感悟。

恒浩装饰　张洁
生活在继续，设计就在继续……

恒浩装饰　刘涛
公司：恒浩装饰。
设计专长：欧式、新古典、中式复古、后奢华。
设计理念：高的品位、快乐的心情让我设计出完美的作品。成功的作品既能提升主人的品位，又能烘托幸福的家庭。

恒浩装饰　李红
公司：恒浩装饰。
设计专长：简欧风格、新中式风格、田园风格、地中海风格。
设计理念：设计源于生活，服务于生活，用简单的设计语言描绘出不简单的生活理念。

胡峰
公司：北京龙发装饰集团武汉公司香港设计中心。
FA专家工作室，专家设计师。

姜鑫
目前于大型装饰公司任职。入行近4载，一直主要从事家庭住宅设计，非常享受每个案子由交流、创作、实施、完工直至宾主皆欢的过程。
设计理念：品味生活，挖掘需求，通过设计手段提升空间内在价值。

李念梅
设计理念：空间自有生命，设计赋予灵魂
艺轩设计事务所设计总监。

景尧
设计为了生活，生活需要设计。一座楼房、一处居室、一把椅子、一支蜡烛，设计的触角延伸到我们生活的边边角角和方方面面，深刻地影响着我们的生活，改变着我们的思想，为我们提供了一种全新的生活方式。

房伟
设计专长：室内设计。
设计理念：设计源于生活。

陈帅
云南帅雄装饰主任设计师。
设计理念:设计以人为本，源于生活，创造出不同的和谐、舒适和不受时限的空间，务求优化环境。室内设计不是风格的设计，而是通过风格这个表现形式，营造出客户心灵深处对生活环境的一种渴望。

李琳飞
本科学历，1985年7月20日出生，2009年毕业于渭南师范学院艺术系设计专业，2007年开始一直从事室内设计至今。

刘宝达
福州宽北设计机构。作品《地中海风情》获得2004北京市主流户型设计大赛最佳网络人气奖。
2004年获得北京市环保室内设计师称号，证书编号BJ04050。

余顺弟
公司：安庆市星珠装饰有限责任公司。
成功案例：香水百合、秀水华庭、集贤南苑。

李楠
毕业于三江美术学院。从上海到北京再到沈阳，7年间不断尝试着不同的风格设计，从每个风格到每个主题，每种感觉到每种体会，都渗透着设计者的心思与对设计的理解。

汪桃
贵州省贵阳市友谊路徐苑福邸三楼创艺装饰设计部。

刘伟
2011年，第三届新浪乐居星斯戴尔杯 全国室内墙艺设计大赛 一等奖。
2011年，国际空间设计大奖艾特奖最佳住宅空间设计入围奖。
2011年，国际空间设计大奖艾特奖最佳商业空间设计入围奖。

郑超群
获奖荣誉：2008北京威能杯中国室内设计、北京2009年美化家居杯优秀奖，北京2010年美化家居杯优秀奖，首届北京建筑装饰设计双年展、首届北京建筑装饰设计百名优秀设计师。
设计独白：同一种空间不同的处理，处处有精彩。

张朝亮
毕业于辽宁大学，国家室内注册设计师。家居设计流动而缤纷，终究淀成一个个故事。生活的品位和人生的阅历也会被融入其中，成为内心世界的一个个写照。

刘洋
设计理念：简约实用的家居设计理念，注重配饰画龙点睛，倡导新装饰主义风格。
擅长风格：后现代风格、新古典欧式、美式田园、新古典中式。

松江典想
典想设计一直致力于给大家创造专属于自己的个性化空间。在现在的家庭装饰中，个性化、实用、美观、环保等多方面因素的综合考虑逐渐影响着人们对自己的家居装潢。这是一项既复杂又系统的工作，而我们典想设计的每一位施工人员，都在竭尽所能地将这项工作做得更出色。

贵州元度家居汇3C工作室
设计专长：室内设计、酒店、写字楼、娱乐会所。
获奖荣誉：北京亚运购物中心贵州馆最佳环境设计奖。

庄子轩
[W、M]——"文明"。[W、M]是文明的，文化的，有涵养的。记录了时代变迁的每一个足迹，捕捉了时代进步的点点滴滴。
[W、M]——"完美"。[W、M]是在艺术上追求完美，在生活质量以及生活品位上同追求完美的一族。

孟红光
设计专长：现代、简欧。
获奖荣誉：99CAD设计比赛第三名。
设计理念：设计源于生活，享受生活，创造生活。

高仲元
公司：厦门市名德世纪设计顾问有限公司。
资质：中国建筑装饰设计师。
设计专长：别墅、会所。

程齐山
乌鲁木齐亚之峰装饰有限公司主任设计师。
设计理念：品位源于生活，高于生活。

曹晶
公司：鼎林装饰工程有限公司（城东分公司）。
设计理念：艺术来源于生活，光影人性空间，寻找业主与我的切合点。

寇佳男
设计理念：设计师不是在设计房子，而是在设计生活！

刘亮
兰亭装饰。
设计理念：以人为本，从设计细节反映客户的个性，从而开创更大的生活空间。

林元君
零壹设计首席设计师。
项目专长：娱乐休闲、餐饮酒吧、别墅、专卖展示店、公寓、会所。
风格专长：美式、田园、地中海、欧式、田园、简约、混搭。

刘广智
设计源于生活。

刘杰
擅长风格：现代、欧式、中式、田园等。
设计理念：家，从心开始；人，因心灵释然。

刘耀成
1997年室内设计专业毕业，国际IRIDA注册室内设计师现任香港（湖南）意未registered装饰设计工程有限公司-刘耀成TOP设计师会所设计总监。

梅力
北京海天环艺装饰孝感分公司精品设计师。
中国建筑装饰协会会员。
国家注册室内设计师
设计理念：设计源于生活的点滴,用心来赋予家以灵魂。

木水
中国建筑学会室内设计分会设计师。
中国建筑学会福州第八专业委员会委员。
2010年福州宽北装饰设计有限公司首席设计师、董事。

张新
本人在设计实践中兢兢业业地求新求进，注重个人设计修养与设计质素的提高，多次荣获国内外的室内设计大奖，发表数十篇专业论文与著作，以求理论与实践相趋并进，重塑自身的文化与设计水平。

张健
"以人为本"是永恒的真理；同时设计的目地不仅是装饰空间，更重要的是点缀生活，将纯艺术行为转化为真正意义上的私人空间语言。

导火牛
知名独立设计师。
设计理念：将生活艺术化，将艺术通俗化。设计风格不受约束，灵活多变，时尚与古典相融，东西方生活美学相映成趣，让设计发挥"住人为乐"的心灵功效。

施传峰
中国建筑学会福州第八专业委员会委员。
2010年，福州宽北装饰设计有限公司首席设计师、董事。

王建军
曦光无限装饰曲江鼎峰设计部主任设计师。
设计理念：以人为本，崇尚自然，追求自然与传统文化的结合,体现人文文化和家居文化。

陈丽媛
2008年毕业于福建师范大学美术学院室内设计专业。
主要从事公装设计：办公、医疗、SPA会所、酒店餐饮、商业空间、售楼部、样板房。

侯予玄
广州华业鸿图品味装饰。
设计专长：别墅、住宅。
设计理念：以人为本，创造功能合理、舒适、满足人们物质和精神生活需要的室内空间。

鞠成巍
不局限于某一种风格，也不束缚于某一种形式，把原有的思维打碎，重拾、组合，量身定做，坚持硬体装饰与软体装饰的和谐统一。
代表作品：慕河国际复式、皇家帝苑样板间等。

雷久东
北京紫名都装饰公司。
资质：四级中级证。
设计专长：室内设计。

刘庆祥
沈阳名傅装饰工程有限公司营口分公司。
设计理念：设计来源于生活，又改变生活。最初的梦想来源于最初的憧憬加上最初的灵感碰撞。

林志明
设计不是在作数量的堆砌。

李正杨　苏　越　李秀玲　陈　华　梁　金　李　茵　郝　建　胡永梅　王立世　王

李利军　马非立　袁文书　刘　剑　郭志刚　任　欢　李志荣　罗惠民　周　冲　吴

任丽娟　侯恒清　吕建伟　陈建华　李　勇　张　阳　赵隆镇　才　龙　贾建新　刘

姜　林　尚英杰　张旭龙　吴成玉　鲁北宁　罗小刚　辛宪超　谷长美　刘希升　向

陆　宏　宋　文　刘方旭　韦　伟　刘　鑫　沈阳奉泉装饰　沈阳艾尚装饰　九创装饰

麦丰装饰　大连金世纪装饰　艺墅设计　1979家居顾问设计公司